MÉMOIRE

SUR L'ANALYSE

DES EAUX MINÉRALES SULFUREUSES

ET DES COMPOSÉS SULFUREUX;

SUIVI D'UNE

DERNIÈRE RÉPONSE

A M. LE DOCTEUR DUPASQUIER (de Lyon);

PAR J.-V. GERDY,

Professeur agrégé à la Faculté de médecine de Paris, Médecin inspecteur des eaux d'Uriage, Membre correspondant de l'Académie de médecine, etc.

PARIS,

IMPRIMERIE SCHNEIDER ET LANGRAND,

Rue d'Erfurth, 1.

1843

J'ai tâché d'éclaircir les questions difficiles qui se rapportent à l'analyse chimique des eaux minérales sulfureuses. Certaines personnes penseront peut-être qu'une pareille recherche offre peu d'intérêt à la médecine, attendu que l'expérience clinique, l'expérience fondée sur les résultats obtenus dans les maladies, est le meilleur guide à suivre dans le choix et dans l'administration des eaux minérales. Je suis parfaitement de leur opinion sur la valeur de l'expérience acquise par la pratique médicale. Mais cette expérience malheureusement fait trop souvent défaut, soit au médecin qui débute dans l'administration des eaux minérales, et qui n'a parfois pour se diriger que de vagues et routinières traditions, soit aux médecins étrangers à ces eaux et appelés à donner leur avis sur celles qui conviennent le mieux au traitement d'une maladie. Il ne suffit pas alors de savoir qu'une source est sulfureuse, car il y a de bien nombreuses et bien grandes différences dans les sources de ce genre; et de ces différences il résulte qu'elles sont plus ou moins efficaces dans les diverses maladies auxquelles elles peuvent être appliquées, parfois même dans les diverses formes d'une maladie.

Pour cette espèce de médication, comme pour toutes les autres, il y a surtout trois choses à considérer : la nature du médicament ; la manière empirique ou rationnelle dont il sera employé, ou le mode d'administration ; enfin les résultats obtenus dans les cas analogues. Ces trois ordres de connaissances sont également indispensables ; ce sont les bases nécessaires de la science des eaux minérales ; et l'on ne peut arriver à donner à cette science quelque précision, à en faire ressortir des notions exactes sur la valeur absolue des eaux et sur leur valeur relative dans les diverses maladies, sans avoir étudié avec le plus grand soin toutes ces questions, et en particulier la constitution chimique de chaque source.

J'ai traité dans mes premiers travaux les questions physiologiques et thérapeutiques, sous les points de vue que ma position m'avait permis d'étudier ; je cherche maintenant à élucider la question chimique, pour pouvoir bientôt réunir toutes ces études diverses dans un travail complet sur les eaux dont l'administration m'est confiée.

Un grand nombre de moyens ont été employés pour l'analyse des combinaisons du soufre, qui se trouvent en dissolution dans certaines eaux minérales. Parmi ces moyens, plusieurs permettent d'apprécier avec exactitude la quantité du soufre contenu dans une dissolution, et l'état auquel il se trouve, lorsqu'il y existe en combinaison simple et sous une seule forme : mais il n'en est plus toujours de même, quand plusieurs composés sulfureux sont réunis, ou quand ils sont associés à d'autres principes susceptibles de modifier l'action des réactifs. Ainsi, l'azotate d'argent, le meilleur de tous les réactifs proposés jusqu'à ces derniers temps, pour l'appréciation du soufre des sulfures et du gaz sulfhydrique, ne donne plus des résultats satisfaisants, lorsqu'il existe dans la dissolution une grande quantité de chlorure, de sulfate, de carbonate. Si l'on emploie l'azotate d'argent acide, il se produit alors un énorme précipité de chlorure, de sulfate et de sulfure d'argent; et il n'est pas possible de séparer le sulfure au moyen de l'ammoniaque, sans qu'une portion de ce principe se trouve dissoute en même temps que le reste, beaucoup plus abondant, du précipité auquel il était mêlé. Or, un pareil mélange se rencontre dans certaines eaux minérales, et j'ai pu constater par expérience les résultats dont je viens de parler.

Veut-on alors éviter cette précipitation embarrassante de chlorure et de sulfate, par l'emploi de l'azotate d'argent dissous dans une grande quantité d'ammoniaque, on aura également à craindre de ne pas précipiter tout le soufre à l'état de sulfure, et, de plus, on pourra précipiter en même temps d'autres substances, provenant des sels terreux en dissolution dans l'eau. D'ailleurs, ce moyen ne permet pas de distinguer le soufre appartenant au gaz sulfhydrique de celui qui appartient aux sulfures. Enfin s'il existe dans la dissolution des sulfites ou des hyposulfites, les difficultés se compliquent encore ; et de tout cela il résulte que dans plusieurs circonstances on ne saurait recourir à ce procédé.

Il me serait facile de démontrer que les autres moyens n'offrent pas plus de certitudes, et que tous présentent ordinairement d'assez grandes difficultés. Mais c'est maintenant une vérité généralement reconnue. Ce sont ces difficultés, ces incertitudes, qui ont fait accueillir avec un grand empressement le procédé de M. Dupasquier, procédé très-séduisant par sa simplicité, par la facilité de son emploi, par le peu de temps qu'il exige, mais sujet aussi à de nombreux inconvénients, comme on va le voir.

Ce procédé est fondé sur la propriété qui appartient à l'iode de se substituer au soufre dans ses combinaisons avec l'hydrogène ou avec les alcalis, de telle sorte que si l'on verse une dissolution d'iode, titrée, dans une dissolution de l'un ou de l'autre de ces composés sulfureux, après y avoir ajouté un peu d'eau d'amidon, une certaine quantité d'iode est absorbée avant que le liquide bleuisse, et que, par cette quantité absorbée, on peut évaluer celle du soufre mis à nu. Analogue à ceux qui ont été imaginés par M. Gay-

Lussac et ensuite par plusieurs autres chimistes, pour titrer diverses dissolutions, ce moyen d'analyse est très-commode et peut rendre de grands services dans l'analyse des combinaisons sulfureuses, pourvu qu'on l'emploie avec circonspection et qu'on y joigne d'autres moyens, sans lesquels il conduirait souvent à l'erreur.

En effet, l'iode n'agit pas seulement sur les principes sulfureux proprement dits, sulfures et gaz sulfhydrique; il agit aussi sur d'autres composés du soufre, comme les sulfites et les hyposulfites, et même sur un grand nombre d'autres corps, dont j'indiquerai seulement quelques-uns. Il agit d'ailleurs de diverses manières qu'il est important d'examiner. Par son affinité pour l'hydrogène, il décompose l'acide sulfhydrique dans les dissolutions où il existe, et forme de l'acide iodhydrique; il est absorbé de même par les dissolutions des bases alcalines, avec lesquelles il se combine; par les dissolutions de sulfures, dont il sépare le soufre pour former des iodures; par les dissolutions d'un grand nombre de cyanures simples ou doubles, dans lesquelles il se substitue également au cyanogène; par un bon nombre de dissolutions métalliques, dans lesquelles aussi il forme des iodures, en mettant l'acide en liberté, comme on peut le voir sur des sels d'antimoine, d'argent, d'étain, de mercure, de plomb, etc.; par des corps avides d'oxygène, ou susceptibles de passer à un degré d'oxygénation plus élevé, comme les sulfites et l'acide sulfureux, l'acide arsénieux, etc.; enfin par des corps susceptibles de se constituer à un autre état de combinaison, en lui abandonnant une partie de leur base, comme les hyposulfites. L'acide urique en dissolution absorbe aussi l'iode et en absorbe même plus que son poids; mais je ne saurais dire encore ce qui se passe dans cette réaction.

Il résulte de ces faits, que l'on peut mettre à profit cette propriété de l'iode, pour apprécier la quantité d'un grand nombre de corps qui se trouvent en dissolution, soit seuls, soit avec d'autres corps sur lesquels il n'a point d'action. Ainsi, on peut s'en servir pour reconnaître la quantité d'alcali qui existe à l'état de liberté, dans les potasses et les soudes du commerce, et même dans celles des laboratoires. Si, comme je l'avais indiqué d'abord, l'iode agit un peu sur les carbonates considérés comme neutres de ces bases, c'est à un degré si faible, que cette action me paraît dépendre d'un petit excès d'alcali et non point du carbonate lui-même, qui n'est nullement décomposé. On pourrait également, par l'iode, apprécier le degré de concentration de l'ammoniaque. On peut l'appliquer à la détermination des quantités de métal et de cyanogène contenues dans les dissolutions de cyanures sur lesquelles il agit, etc. Enfin, il serait employé avantageusement pour reconnaître la présence et la quantité de l'acide sulfureux qui se trouve mêlé, soit à l'acide chlorhydrique du commerce, soit à d'autres liquides, et, sous ce rapport, il fournirait des résultats plus complets que ne peuvent le faire les procédés de M. Girardin et de MM. Gélis et Fordos.

Mais il résulte aussi des faits rapportés plus haut, et de cette multiplicité d'action de l'iode sur un grand nombre de corps, que, pour l'employer avec succès comme moyen d'analyse, il faut s'être bien assuré que la dissolution, sur laquelle on opère, ne contient pas plusieurs substances à la fois susceptibles d'absorber l'iode. Je n'ai point ici l'intention de m'étendre davantage sur les diverses applications qu'on peut en faire, et sur les précautions qu'elles exigent : je ne veux m'occuper que de ce qui est relatif à l'analyse des combinaisons du soufre dans les eaux minérales.

Or, les principes sulfureux dont on a signalé l'existence dans les eaux minérales sont, indépendamment des sulfates, qui ne paraissent agir en aucune façon comme composés sulfureux, le gaz sulfhydrique, des sulfures ou des sulfhydrates de sulfures, des sulfites, des hyposulfites, et même du soufre hydraté, en suspension ; et ils peuvent s'y trouver isolément, ou réunis plusieurs ensemble. N'y a-t-il que du gaz sulfhydrique, l'iode dégage le soufre de sa combinaison et indique parfaitement sa quantité. S'agit-il d'une eau contenant un sulfure seul, elle présentera une réaction alcaline plus ou moins prononcée, et renfermera le plus souvent, ou un alcali à l'état de liberté, ou plutôt un carbonate alcalin ; et alors, si l'on employait l'iode sans précaution préliminaire, on serait nécessairement induit en erreur, et l'on évaluerait la quantité du soufre au delà de ce qu'elle est en réalité. Mais on peut assez bien éviter cet inconvénient, en versant dans le vase où l'on doit faire l'expérience un peu d'acide acétique et d'eau d'amidon, avant d'y verser l'eau minérale que l'on examine, et en opérant ensuite immédiatement avec la solution iodique. Un excès d'acide acétique ne nuit pas sensiblement aux résultats. Il décompose, à la vérité, le sulfure ; mais, comme l'acide sulfhydrique, mis en liberté, est immédiatement saisi par l'iode, on peut ainsi apprécier la quantité du soufre avec une assez grande exactitude.

S'il y a en dissolution un sulfhydrate de sulfure, l'iode appréciera très-bien la quantité totale du soufre, mais sans pouvoir distinguer ce qui appartient à l'acide sulfhydrique de ce qui appartient au sulfure.

Si l'on a affaire à une dissolution de sulfite, l'iode produit un phénomène d'une autre nature. Une portion d'eau est décomposée ; son hydrogène se combine avec l'iode pour former de l'acide iodhydrique, son oxygène avec l'acide sulfureux pour former de l'acide sulfurique ; et la quantité d'iode absorbée est précisément la même qui serait absorbée par un sulfure contenant autant de soufre qu'il y en a dans le sulfite. Ainsi, le mode d'action est différent; mais le résultat est le même au point de vue sulfhydrométrique, c'est-à-dire pour l'évaluation du soufre. Il en résulte que si un sulfite se trouve réuni à un sulfure dans une eau minérale, le procédé de M. Dupasquier ne pourra pas servir à son analyse, du moins sans qu'on y joigne des moyens auxiliaires, parce que, s'il indique la quantité totale du soufre, il ne fait nullement connaître la quantité relative de chacun des composés. Or, il n'en est plus ici comme dans le cas précédent. Les sulfites n'ayant pas une action médicamenteuse égale à celle des sulfures ou du gaz sulfhydrique, on ne pourrait sans un grave inconvénient confondre ces divers principes.

Quant aux hyposulfites, si l'on examine l'action de l'iode sur ces sels, on arrive à des résultats tout autres encore, non-seulement sous le rapport des produits qui se forment, mais aussi sous le rapport de l'iode absorbé. MM. Fordos et Gélis ont trouvé que 1 gramme d'hyposulfite de soude absorbait 0,501 d'iode. De mon côté, j'étais arrivé en même temps à une proportion semblable, et je l'avais exprimée, dans une note présentée à l'Académie de médecine, il y a quelques mois, en disant que la quantité d'iode absorbée par le soufre des hyposulfites est à la quantité absorbée par le soufre des sulfures, comme 2 : 7,5. J'avais reconnu également que l'effet de cette réaction n'était pas la formation d'un sulfate; et il m'avait paru se former alors une combinaison nouvelle, que je ne m'étais pas encore occupé de déterminer, lorsque j'eus connaissance du travail des chimistes que je viens de citer, sur le nouvel oxacide du soufre qui se produit dans cette circonstance. Comme eux, j'avais pensé que la réaction de l'iode sur l'hyposulfite était constamment la même. Comme eux, en effet, j'avais constaté par l'analyse, sur plusieurs échantillons d'hyposulfite de soude cristallisé, que la composition de ce corps était toujours parfaitement identique; car j'avais obtenu chaque fois, pour 0,10 d'hyposulfite, 0,19 de sulfate de baryte; et en soumettant les mêmes échantillons à l'action de l'iode, j'avais obtenu toujours des résultats sensiblement identiques. Dans toutes ces expériences, l'hyposulfite de soude cristallisé absorbait la moitié de son poids d'iode, avec une petite fraction en plus; ou, pour rapporter l'iode au soufre, ce qui était mon but principal, 1 de soufre absorbait 2 d'iode.

Mais, depuis, d'autres recherches m'ont conduit à des résultats assez différents, non point quant à la composition des hyposulfites que j'ai toujours trouvée la même, mais quant à l'action que l'iode exerce sur ces composés. J'ai ainsi examiné un bon nombre d'échantillons divers d'hyposulfites, les uns cristallisés, les autres liquides et n'ayant pas subi la cristallisation; et les résultats, que j'ai consignés ailleurs plus en détail, m'ont conduit à établir que la quantité d'iode absorbée par 1 de soufre, à l'état d'hyposulfite, variait entre 1,9 et 3,3. Les hyposulfites non cristallisés se rapprochaient tous plus ou moins de la dernière proportion; pour les autres, il semblerait résulter de mes expériences que ceux qui ont peu subi le contact de l'air absorbent plus d'iode, tandis qu'une quantité bien moindre serait absorbée par les hyposulfites cristallisés depuis longtemps ou souvent exposés à l'air. Quoi qu'il en soit, ces faits démontrent bien assez la variabilité de cette réaction, sur laquelle, par conséquent, on ne saurait fonder aucune évaluation de quelque valeur.

Enfin j'ai indiqué, parmi les principes sulfureux des eaux minérales, le soufre lui-même, le soufre hydraté, qui se trouve en suspension dans un certain nombre d'eaux sulfureuses, sinon primitivement, au moins secondairement, par suite des influences qu'elles subissent et des réactions qui s'établissent dans leur trajet, ou même dans les bains, lorsqu'on les emploie de cette manière. La solution iodique n'a point d'action sur ce corps et ne peut en indiquer la quantité. Il est cependant important de la connaître, car le soufre, à cet état, agit fortement sur ceux qui se baignent dans une pareille eau : il se dépose sur la peau, il imprègne tout le corps et même les vêtements d'une odeur plus ou moins prononcée de soufre en combustion, et on ne saurait méconnaître qu'il jouit ainsi de propriétés excitantes et résolutives assez énergiques. C'est même, j'en suis convaincu, à ce mode d'action que certaines eaux doivent principalement leur influence médicatrice.

Voilà donc, en laissant de côté les sulfates, qui sont aussi distincts des autres par leurs caractères chimiques que par leur action sur l'économie, cinq éléments sulfureux qui se rencontrent dans les eaux minérales, et dont il est fort important de pouvoir apprécier la nature et la quantité, parce qu'ils n'agissent pas également, pas semblablement. Tous les cinq paraissent avoir une action *sulfureuse;* mais cette action est probablement assez diverse dans ses effets et dans son intensité. Or les principes sulfureux proprement dits, gaz sulfhydrique, sulfures et soufre hydraté, peuvent se rencontrer dans les eaux minérales avec les principes sulfureux que l'on appelle *dégénérés*, sulfites et hyposulfites, et peut-être en est-il ainsi plus souvent qu'on ne l'a pensé, parce que la chimie n'offrait pas des moyens de distinction suffisamment faciles.

Le sulfhydromètre peut-il davantage à cet égard? Nullement; il peut même moins que certains autres procédés, car si ses résultats sont bien plus faciles et plus prompts, ils conduisent aussi plus facilement à l'erreur. Se trouve-t-il dans la même dissolution un sulfure en même temps qu'un sulfite, l'iode indiquera tout le soufre contenu dans ces diverses combinaisons, mais sans faire la part de chacune, de sorte que, si l'on n'a pas fait l'analyse de cette dissolution par d'autres moyens, on sera nécessairement conduit à une évaluation trop élevée du soufre qui existe à l'état de principe sulfureux proprement dit. Si, au contraire, il existe, avec du gaz sulfhydrique, par exemple, du soufre en suspension, ce qui se reconnaît à la teinte plus ou moins louche, opaline, du liquide, l'iode n'indiquant point le soufre devenu libre, on aura une évaluation au-dessous de la réalité. S'il existe un hyposulfite avec un sulfure, l'iode indiquera plus de soufre qu'il n'y en a dans le sulfure, moins qu'il n'y en a dans le sulfure et l'hyposulfite, et l'on aura encore une évaluation tout à fait erronée. Et, comme il n'est pas possible de savoir à l'avance la nature de toutes les combinaisons qui se trouvent dans une eau minérale, on ne peut donc se borner à l'emploi du sulfhydromètre pour faire l'analyse de ses principes sulfureux.

Je n'ai point parlé, dans ce qui précède, d'un mélange de sulfure, de sulfite et d'hyposulfite, parce que, si l'on réunit ces trois corps dans une dissolution, il s'établit entre eux une réaction qui transforme le sulfure en hyposulfite, et qui rend, par conséquent, difficile l'existence d'un pareil mélange dans une eau minérale. Je ne dis pas, cependant, impossible : il est des conditions qui font que cette réaction est très-rapide; il en est d'autres qui la font presque nulle. Si la quantité du sulfite est très-faible proportionnellement à celle du sulfure, si le liquide est tenu en repos et privé du contact de l'air, il ne se modifiera que très-lentement. Un résultat contraire aura lieu dans des circonstances opposées. Par exemple, prenez un persulfure contenant un peu d'hyposulfite, versez-le dans un flacon avec un sulfite dont le soufre soit en quantité presque égale à celle du sulfure, et ne remplissez le flacon qu'à moitié, puis agitez-le quelques instants; et vous verrez très-vite le liquide se décolorer, et la transformation sera opérée. On peut l'obtenir plus promptement encore, en versant le persulfure dans un verre et l'étendant d'eau distillée non bouillie. Au bout de peu de temps, le liquide se troublera par suite de la séparation d'une partie du soufre : si alors on y ajoute le sulfite et qu'on agite un peu le mélange, il redeviendra clair, et le sulfure n'existera plus.

J'ai examiné fort peu les produits de cette expérience; j'ai trouvé de l'hyposulfite en quantité bien plus considérable qu'avant l'opération, du sulfite en proportion variable, etc. Mais ces produits, qui varient nécessairement beaucoup, suivant les quantités primitives de chaque substance et les autres conditions dans lesquelles on agit, ont besoin d'être mieux étudiés. Quoi qu'il en soit, si, dans une eau minérale, il se trouvait une pareille réunion de principes sulfureux, on conçoit que l'analyse en deviendrait plus difficile encore, et que la teinture d'iode ne donnerait que des résultats trompeurs.

J'ai dit aussi, dans un travail publié l'année dernière, que peut-être certaines substances, comme les matières organiques ou azotées, qui se trouvent dans un grand nombre d'eaux minérales, pourraient absorber de l'iode, de même que le fait une dissolution d'acide urique, etc., et rendre plus trompeuse encore une analyse obtenue par ce moyen tout seul. Et ce qui m'engageait à hasarder cette conjecture, c'est que M. Dupasquier lui-même a évidemment été induit en erreur, peut-être par une cause de ce genre, dans une des applications qu'il a faites de son procédé à l'analyse des eaux minérales. En effet, à la page 275 de son ouvrage sur l'eau d'Allevard, il rapporte que l'eau d'*alun* d'Aix en Savoie, examinée avec le sulfhydromètre, absorbe, pour un litre, 0°,8 de solution iodique; ce qui prouve, suivant lui, la supériorité de ce procédé sur les autres moyens d'analyse, puisqu'aucun réactif n'indique la présence du soufre dans cette eau. Or, si l'on fait dissoudre dans de l'eau, soit du gaz sulfhydrique, soit un sulfure, ou même un hyposulfite, en quantité telle qu'il absorbe cette proportion d'iode, 0°,8, par litre de liquide, il sera très-facile de s'assurer que d'autres réactifs, et en particulier le nitrate d'argent, accusent parfaitement la présence du soufre; qu'une quantité de principe sulfureux moindre de moitié, et même plus faible encore, serait très-clairement indiquée par le nitrate d'argent; et qu'ainsi, puisque l'eau d'*alun* ne produit rien de semblable, la réaction obtenue au moyen de l'iode n'est due, au moins pour la plus grande partie, ni à du gaz sulfhydrique, ni à un sulfure, ni même à un hyposulfite. Il est possible qu'elle provienne de la présence d'un sulfite; sinon, il faudrait bien en chercher la cause dans l'action d'une autre substance.

Si je ne m'abuse, il résulte de ce qui précède que l'iode ne saurait être employé seul pour l'analyse d'une eau sulfureuse, parce qu'il donne, avec les sulfites, une réaction semblable à celle des sulfures; avec les hyposulfites, une réaction différente et variable; qu'il ne distingue pas le gaz sulfhydrique des sulfures, et n'indique pas le soufre devenu libre; que peut-être il se trouve dans les eaux minérales d'autres substances susceptibles de l'absorber, indépendamment des alcalis dont on peut annuler l'action, et que, par ces diverses causes, il conduirait souvent à l'erreur. Mais en modifiant son emploi, en associant à ce réactif d'autres moyens d'analyse, on peut en tirer un grand parti pour simplifier et faciliter l'analyse des eaux sulfureuses. C'est ce qui ressortira, je crois, de la suite de ce travail.

La première chose à faire pour analyser une eau sulfureuse, c'est, à mon avis, de déterminer la quantité totale du soufre contenu dans cette eau, à un état quelconque; tandis que, d'autre part, on détermine la quantité du soufre qui s'y trouve à l'état d'acide sulfurique ou de sulfate. L'évaluation de l'acide sulfurique se fera au moyen du chlorure de baryum, assez fortement acide pour ne précipiter ni carbonate, ni sulfite, ni hyposulfite, dans le cas où il s'en trouverait dans la dissolution. Mais il ne convient pas de séparer immédiatement du liquide, par la filtration, le sulfate de baryte produit, car, en filtrant ainsi le sulfate avec une grande quantité de liquide, et le lavant ensuite, on en perdrait toujours une petite portion, qui passerait à travers le filtre et rendrait l'opération inexacte. Le mieux est de laisser déposer le précipité, ce qui n'exige que quelques heures, si l'eau est chaude, ou si l'on a la précaution de la faire chauffer lorsqu'elle est froide. Dans le cas contraire, le dépôt peut n'être entièrement terminé qu'au bout de vingt-quatre heures et même davantage. Alors on décante avec soin le liquide devenu clair; on fait bouillir le précipité avec de l'eau distillée, puis on le filtre, ou mieux même, si l'on a mis un grand excès de chlorure barytique, ou si le précipité est considérable, on le laisse encore déposer, pour décanter de nouveau le liquide avant de filtrer. J'insiste sur ces détails, qui peuvent paraître insignifiants, mais qui sont, à mes yeux, assez importants, parce qu'après avoir fait un grand nombre d'opérations de ce genre, j'en ai senti les difficultés. Si l'on ne prend pas ces précautions, on arrive bien plus difficilement à un résultat exact. Il est, en quelque sorte, indispensable de faire ainsi bouillir le précipité, lorsque l'on agit sur une eau sulfureuse, parce que toujours il s'en sépare du soufre qui se précipite en partie avec le sulfate de baryte, et parce qu'alors le précipité retient une bien plus grande quantité de chlorure barytique, qui oblige à le laver pendant fort longtemps, parfois pendant plusieurs jours de suite, ce que l'on ne saurait faire sans une perte notable du sulfate. L'emploi de l'azotate barytique, au lieu du chlorure, rend encore plus nécessaire cette ébullition dans l'eau distillée, parce que l'azotate est moins soluble et adhère plus fortement au précipité. Du reste, les précautions que je recommande, loin d'entraîner une perte de temps, abrégent au contraire et simplifient l'opération, parce qu'il suffit ensuite de laver trois ou quatre fois le filtre avec de l'eau distillée chaude, pour le débarrasser complétement des sels solubles qu'il retenait.

Pour déterminer la quantité absolue du soufre qui existe, à divers états, dans une eau minérale, j'ai indiqué un procédé qui me paraît seul pouvoir donner des résultats certains dans tous les cas. Le procédé d'acidification du soufre par le chlorate de potasse et l'eau régale, qui offre, dans beaucoup de circonstances, assez d'exactitude, ne réussit plus aussi bien lorsqu'on agit sur une dissolution complexe, renfermant, par exemple, du gaz sulfhydrique, un sulfure et un hyposulfite, et sur une dissolution très-étendue, comme sont les eaux minérales. D'ailleurs, il n'est pas seulement moins sûr, il est aussi moins commode que celui que je vais exposer.

Si l'on traite une dissolution sulfureuse, contenant du gaz sulfhydrique ou un sulfure, par le cyanure rouge de potassium et de fer, le liquide se trouble, il se précipite du soufre, et le cyanure est modifié dans sa composition; car si l'on ajoute ensuite un persel de fer, il en résulte du bleu de Prusse. Si alors on verse dans ce mélange une dissolution de chlore en excès, ou si on y fait passer un courant de chlore, tout le soufre est bientôt transformé en acide sulfurique, dont il est facile d'apprécier la quantité, en séparant le bleu de Prusse par la filtration, et traitant par un sel barytique dissous le liquide filtré. J'avais proposé d'abord d'agir ainsi ; mais cette opération est longue, compliquée par la présence du bleu de Prusse dont il est un peu difficile de se débarrasser entièrement, et heureusement on peut la simplifier beaucoup. En effet, l'addition d'un sel de fer au maximum d'oxydation, pour produire du bleu de Prusse, n'est nullement nécessaire; et il suffit, après avoir mêlé à la dissolution sulfureuse un peu de cyanure ferrico-potassique liquide, d'y verser du chlore en excès, pour que la transformation du soufre en acide sulfurique s'opère parfaitement.

Lorsqu'on agit ainsi sur des sulfites ou des hyposulfites, et que l'on ajoute assez de cyanure, il n'y a aucun précipité, et la formation de l'acide sulfurique est promptement terminée ; sur l'acide sulfhydrique et les sulfures, il y a d'abord, comme je l'ai dit, séparation de soufre, mais ce soufre se redissout assez promptement, en passant à l'état d'acide sulfurique. Même en employant un persulfure, pourvu que la dissolution soit assez étendue, et le cyanure et le chlore en quantité suffisante, on obtient en deux ou trois heures une transformation complète. L'agitation du mélange accélère le résultat. Si préalablement il existe dans le liquide du soufre en suspension, à l'état d'hydrate, il est également transformé en acide sulfurique; de sorte que, par ce moyen, on amène sûrement et complétement à l'état d'acide sulfurique tout le soufre contenu dans les eaux minérales, à quelque état qu'il s'y trouve, et même tout le soufre des polysulfures que l'on n'a pas encore rencontrés dans ces eaux. C'est donc un moyen très-avantageux pour l'appréciation du soufre contenu dans une dissolution, moyen en même temps très-commode, puisqu'il suffit d'ajouter à cette dissolution un peu de cyanure ferrico-potassique et du chlore; puis, quand le liquide est devenu clair (s'il s'était troublé d'abord), d'agir comme pour l'appréciation de l'acide sulfurique, par le chlorure de baryum. Je n'ai pas cherché à fixer d'une manière précise les quantités de chaque réactif qui doivent être employées, parce que cela m'a paru assez difficile et d'ailleurs de peu d'importance. En général, douze à quinze gouttes de solution concentrée de cyanure rouge suffisent pour un demi-litre d'eau minérale. Si cependant on avait affaire à une eau contenant une très-forte proportion de soufre, indiquée par l'iode, on pourrait employer autant de gouttes de la solution ferrico-cyanurée, que la même quantité de liquide absorberait de degrés sulfhydrométriques. Quant au chlore, il en faut un assez grand excès. Si l'on en verse peu, d'abord, et qu'on agite le liquide, on voit promptement l'odeur du chlore disparaître, et ainsi plusieurs fois successivement, lorsqu'on le verse par petites quantités, dans une dissolution qui contient beaucoup de soufre. Il faut en ajouter assez pour que son odeur persiste, non-seulement tant que le liquide est troublé par du soufre non encore acidifié, mais même après que le soufre a complétement disparu. Puis, quand on a précipité l'acide sulfurique par le chlorure de baryum, il faut laisser le mélange en repos seulement assez de temps pour que le sulfate se dépose; si on le laisse trop longtemps, il finit par se former un peu de bleu de Prusse qui colore le précipité et qui augmente son poids. L'erreur qui en résulte serait d'ordinaire très-peu importante; mais on doit néanmoins l'éviter. Pour prévenir cette formation de bleu de Prusse, il est bon aussi de ne laver le précipité qu'avec de l'eau légèrement chlorée. Si le sulfate de baryte ne présente pas après les lavages une teinte bleue assez sensible, il n'y a point à s'en inquiéter.

Que se passe-t-il dans les phénomènes que je viens d'exposer? J'ai constaté que le précipité qui trouble les dissolutions de sulfures et d'acide sulfhydrique, après l'addition du cyanure, était du soufre. J'ai constaté aussi que le cyanure ferrico-potassique passe d'abord en partie à l'état de cyanure ferroso-potassique, puisque l'addition d'un sel de fer au maximum d'oxydation donne alors du bleu de Prusse (1). En ajoutant du chlore, on reproduit le cyanure ferrico-potassique (bien entendu, lorsqu'on n'a pas précipité du bleu de Prusse), et les sels de fer peroxydé n'y déterminent plus de précipité. Parfois il se forme dans le liquide, mais au bout d'un temps assez long, un sel de sesquioxyde de fer, que le protocyanure de potassium et de fer indique par une nuance bleue ou bleu-verdâtre. C'est seulement lorsqu'il s'y est ainsi produit un persel de fer, que l'on peut voir apparaître à la surface, spontanément, une petite quantité de bleu de Prusse, sans doute parce qu'une portion du peroxyde laisse dégager de son oxygène.

Or, de ces faits il m'a semblé résulter : 1° que le cyanure agit d'abord comme corps oxygénant, comme un sel de peroxyde de fer, et fournit de l'oxygène au principe sulfureux avec lequel il est en contact, en même temps qu'il s'empare d'une portion de sa base; 2° que le chlore rendant au cyanure ses propriétés premières, qu'il a perdues dans

(1) On peut suivre des yeux cette transformation du cyanure, en versant une petite quantité de sa dissolution dans une dissolution de sulfite en excès : on voit alors la coloration donnée d'abord par le cyanure ferrico-potassique décroître rapidement et devenir celle du cyanure ferroso-potassique.

cette première action, lui redonne, en même temps, son pouvoir oxygénant, et que, de son côté, le chlore aussi tendant à acidifier le soufre, ces deux actions réunies, du cyanure et du chlore, amènent ainsi le soufre au degré d'oxygénation le plus élevé.

D'après cette idée que je me faisais des phénomènes, j'ai essayé de les produire d'une autre manière et, pour ainsi dire, dans un ordre inverse. Dans une dissolution de persulfure, j'ai versé du chlorure de peroxyde de fer, qui a précipité tout le soufre; puis j'ai ajouté un peu de cyanure ferrico-potassique, et le bleu de Prusse a été immédiatement produit, comme lorsque je précipitais d'abord le soufre par le cyanure. Le perchlorure s'était donc en partie désoxygéné en faveur du soufre. Voilà pour la première partie de l'opération; quant à la seconde, je l'ai reproduite également en remplaçant le cyanure par le même perchlorure. J'ai précipité le soufre du sulfure par le chlore, puis j'ai ajouté du chlorure ferrique, et j'ai laissé le mélange en repos : au bout de quelques heures, tout le soufre était transformé et redissous. Ces résultats, et d'autres que j'indiquerai plus loin, paraissent confirmer l'opinion que je m'étais faite d'abord sur la manière d'agir du sesquicyanure de potassium et de fer, quoiqu'elle soit en désaccord avec la composition admise du cyanure. Mais quoi qu'il en soit de cette théorie, sur laquelle il peut rester encore des doutes, il y a, dans les réactions du cyanure ferrico-potassique et des sels de fer au maximum sur les composés sulfureux, un fait d'une grande importance, c'est que, dans ces différents cas, le soufre perd une portion de la base avec laquelle il était combiné, en même temps qu'il acquiert de l'oxygène; d'où résultent des combinaisons nouvelles du soufre avec l'oxygène et avec les bases. Déjà j'ai signalé un nouvel oxacide du soufre, que j'ai obtenu par le mélange d'un hyposulfite avec le perchlorure de fer. Mais ce n'est pas ici le lieu de m'étendre sur ce sujet.

Après avoir apprécié la quantité d'acide sulfurique contenue naturellement dans une eau minérale, après avoir aussi évalué la quantité totale du soufre qui s'y trouve à divers états, il reste à déterminer la nature et la proportion des éléments sulfureux autres que l'acide sulfurique. Or on peut trouver en même temps du soufre à l'état de sulfure et d'acide sulfhydrique; on peut trouver aussi avec l'un ou l'autre de ces composés, ou avec tous deux, du soufre à l'état d'hydrate ou à l'état d'hyposulfite; on peut trouver ces quatre principes réunis dans la même eau; enfin on peut trouver des sulfites et des hyposulfites sans aucun des principes sulfureux proprement dits. Quant à la réunion d'un sulfure avec un sulfite et un hyposulfite, j'ai dit pour quelles raisons elle ne pouvait guère se rencontrer, du moins le sulfure et le sulfite existant simultanément en quantité notable. Il en est de même de la réunion d'un sulfite avec le gaz sulfhydrique : ces deux corps réagissent l'un sur l'autre et se décomposent, surtout à l'état naissant; de sorte qu'on ne peut guère les trouver ensemble, à moins qu'ils ne soient en très-faible quantité. Il serait important d'avoir des moyens sûrs et faciles pour analyser ces divers mélanges, même les derniers, s'ils se présentaient. Pour cela, j'ai fait des expériences nombreuses sur des solutions artificielles, et je vais en indiquer les résultats.

J'ai voulu rendre la solution iodique applicable au plus grand nombre de cas possible, comme moyen d'analyse; et, pour cela, j'ai cherché à séparer, par l'emploi de dissolutions métalliques convenables, les divers principes sulfureux qui peuvent se trouver réunis, afin de les apprécier et de les doser isolément avec le sulfhydromètre. Une condition indispensable, c'est que les solutions métalliques employées ne soient pas susceptibles d'absorber de l'iode ou d'offrir à ce menstrue des combinaisons faciles. Pour les cas auxquels l'iode ne peut s'appliquer, j'ai eu recours à d'autres procédés.

1° *Sulfure et gaz sulfhydrique réunis.* Le réactif qui m'a paru le plus avantageux pour séparer le soufre de ces deux composés, c'est l'azotate de cobalt. Les sels métalliques, qui sont indiqués comme précipitant les sulfures et ne précipitant pas l'acide sulfhydrique, agissent néanmoins sur la dissolution de ce gaz, au bout de quelque temps, ou au moins lorsqu'elle est réunie à la dissolution d'un sulfure. Du reste, il en est de même dans une foule d'autres cas, et c'est là un des obstacles qui m'ont le plus embarrassé. Un corps, qui n'est pas précipité isolément par un réactif, devient souvent susceptible d'être précipité en partie, et quelquefois presque complétement, lorsqu'il se trouve dans la même dissolution un autre corps que précipite ce réactif. Cette observation n'est pas nouvelle en chimie; mais on n'y a peut-être pas attaché assez d'importance. L'azotate de cobalt même décompose un peu de gaz sulfhydrique, pendant les quelques minutes que dure leur contact, si l'on n'a pas la précaution d'acidifier le mélange avec l'acide acétique. Voici comment j'opère dans ce cas. J'introduis dans un flacon bouché à l'émeri un peu de dissolution cobaltique neutre; j'y verse ensuite la dissolution de sulfure et de gaz sulfhydrique, et j'ajoute immédiatement de l'acide acétique. Puis je ferme bien le flacon, et je le laisse en repos. Comme le sulfure primitif réagit instantanément sur la dissolution de cobalt, on n'a point à craindre que l'acide acétique versé aussitôt après empêche cette action : il s'oppose seulement à la décomposition ultérieure d'une partie du gaz. On doit parfaitement connaître les quantités de chacun des liquides que l'on a ainsi mélangés, pour arriver à une évaluation précise. Au bout de 5, 10 ou 15 minutes, le sulfure de cobalt est assez rassemblé au fond du flacon, pour que l'on puisse décanter une grande partie du liquide, et en traiter un volume déterminé par la solution d'iode, qui indique la quantité d'acide sulfhydrique contenue. Comme on doit avoir préalablement évalué, par l'iode, la quantité totale du soufre renfermé dans le mélange, en déduisant de ce total le soufre du gaz, on a celui du sulfure. En opérant ainsi avec précaution, on arrive à des résultats sensiblement exacts, et aussi exacts, je crois, qu'on les obtiendrait par tout autre moyen d'analyse, en y consacrant beaucoup plus de temps. Si le précipité était peu abondant, on n'aurait même pas besoin de le laisser déposer pour décanter le liquide, et l'on pourrait immédiatement ajouter la solution d'amidon et traiter par l'iode. Le précipité ne gêne que par sa couleur, qui masque la réaction de l'iode sur l'amidon.

2° *Sulfure et hyposulfite réunis.* On apprécie d'abord par le sulfhydromètre, comme dans le cas précédent, la quantité totale d'iode absorbée par un volume d'eau; et l'on doit toujours commencer par là : je ne le redirai plus. Puis, on traite un autre volume d'eau par une quantité mesurée d'azotate de cobalt sans addition d'acide. Il n'y a plus ensuite qu'à laisser déposer le précipité, pour terminer l'opération par l'essai iodométrique. En retranchant la quantité d'iode absorbée en dernier lieu de celle qui avait été absorbée d'abord, on aura le soufre du sulfure. Quant à celui de l'hyposulfite, on ne pourra l'apprécier avec certitude par l'iode, ainsi que le démontrent les recherches que j'ai citées plus haut. Mais comme on doit avoir évalué en même temps, d'une part, tout le soufre existant dans l'eau minérale, et que l'on transforme en sulfate de baryte, d'autre part, tout l'acide sulfurique préalablement contenu dans cette eau, sachant en outre le soufre qui existe à l'état de sulfure, on en déduit la quantité du soufre de l'hyposulfite.

3° *Sulfure, hyposulfite et gaz sulfhydrique.* On opère d'abord comme pour le premier mélange, afin de précipiter le sulfure seul; on traite le liquide décanté par l'iode, et, en retranchant le nombre de degrés obtenus du nombre que donnait le même volume d'eau, sans addition de sel cobaltique, on a la quantité du sulfure. Pour apprécier ensuite celles de l'acide sulfhydrique et de l'hyposulfite, on précipite le sulfure et l'acide au moyen d'un sel zincique neutre, suivant la méthode que H. Rose a proposée pour la séparation des sulfures et des hyposulfites; on filtre immédiatement, puis on traite le liquide par l'iode, et, en retranchant la quantité absorbée de celle que donnait l'expérience précédente, on obtient la proportion du gaz sulfhydrique. Quant à celle de l'hyposulfite, elle se déduit, ainsi que je l'ai dit pour le deuxième mélange, de la quantité totale du soufre contenu dans l'eau, d'où l'on retranche la quantité également connue du soufre des autres principes.

La dernière opération, par le sel de zinc, demande à être faite rapidement, en se servant de papier qui filtre très-vite, et en n'essayant par l'iode que les premières portions du liquide filtré. Et encore, malgré ces soins et la précaution d'éviter le contact de l'air autant que possible, jamais on n'obtient un résultat parfaitement exact. L'expérience indique toujours un peu trop d'hyposulfite et pas assez d'acide sulfhydrique, ainsi qu'on peut s'en assurer en prenant des dissolutions titrées des corps dont il s'agit, les mêlant en égale proportion et analysant le mélange. Ce résultat paraît tenir à ce que le sulfure de zinc, ainsi produit, est très-peu stable, très-prompt à s'acidifier, et à ce que, pendant la filtration, une portion de ce sulfure passe à l'état d'hyposulfite. On ne saurait, d'ailleurs, se soustraire à cet inconvénient en versant l'iode dans le liquide mêlé avec le sulfure, parce que le sulfure de zinc réagirait sur l'iode et donnerait un résultat plus mauvais encore. Au reste, lorsque l'on opère convenablement, l'erreur est très-faible et peut être négligée; et puis elle me paraît inévitable. Pour l'élimination du soufre des sulfures, j'ai proposé les sels de cobalt, qui n'offrent pas les mêmes inconvénients; mais pour celui de l'acide sulfhydrique, je n'ai pu trouver de réactif plus avantageux que les sels de zinc, ou encore ceux de cadmium, qui produisent les mêmes effets.

4° *Acide sulfhydrique et hyposulfite.* C'est la dernière partie de l'analyse précédente, avec la petite erreur qu'entraîne nécessairement l'emploi des sels de zinc.

5° *Sulfure, hyposulfite, acide sulfhydrique et soufre hydraté* dont la présence est annoncée par la teinte blanchâtre, plus ou moins laiteuse, du liquide. Voilà un cas très-compliqué et dont l'analyse devient fort difficile. On arrive facilement à connaître le soufre appartenant au sulfure et au gaz sulfhydrique, en suivant la marche indiquée pour les mélanges précédents. Mais comme l'excédant de soufre, fourni par l'évaluation générale, se rapporte en partie à l'hyposulfite, en partie au soufre hydraté; comme l'iode n'est point absorbé par le soufre hydraté et ne l'est que d'une manière variable par l'hyposulfite, on ne saurait ainsi arriver à une appréciation quantitive de ces deux corps un peu certaine. On ne pourrait obtenir une approximation qu'en calculant la quantité de l'hyposulfite d'après une moyenne de la proportion d'iode absorbée par ce genre de sels; et cette moyenne, qui serait à peu près 2,5 d'iode pour 1 de soufre, permettrait des erreurs de 1 cinquième, puisque, d'après mes expériences citées plus haut, si la proportion absorbée est le plus souvent 2, parfois elle descend un peu au-dessous, et quelquefois elle s'élève au delà de 3 et jusqu'à 3,3. Il faut donc chercher un autre procédé. Je vais en indiquer deux qui me paraissent conduire à un résultat assez exact. On peut n'employer que l'un de ces procédés; mais je conseillerais plutôt de les employer simultanément, comme contrôle l'un de l'autre.

Le soufre naissant, qui se trouve en suspension dans les eaux minérales, ne peut être recueilli sur un filtre, parce qu'il est à un état de division tel, que toujours il passe en très-grande partie à travers le filtre. Mais si l'on produit dans cette eau un précipité abondant, ce précipité retiendra le soufre. Ainsi, lorsqu'on traite une eau comme celles dont il s'agit maintenant, par un sel zincique, si le précipité formé par le sulfure zincique est très-abondant, le soufre en suspension sera retenu tout entier ou presque tout entier sur le filtre. Il est, d'ailleurs, très-facile d'augmenter ce précipité à volonté : il suffit d'employer la solution de zinc en excès, et puis d'ajouter un carbonate ou un bicarbonate dissous, pour avoir du carbonate de zinc en abondance. Dans ce cas, le liquide filtré pourra présenter un trouble assez marqué, comme s'il contenait encore du soufre; mais il suffira d'y verser un peu d'acide acétique pour faire disparaître ce précipité de carbonate de zinc, dû à ce que la combinaison du zinc avec l'acide carbonique ne se fait que lentement. Si donc, après avoir filtré, avec les précautions indiquées, une eau que l'on a traitée de cette manière, on reprend le filtre sans le laisser égoutter, et qu'on le mette immédiatement en digestion, dans un matras, avec du chlorate de potasse et de l'eau régale, d'abord à froid, puis à chaud, on acidifiera ainsi tout le soufre, pourvu que l'opération soit convenablement faite et qu'on y consacre assez de temps (1). En étendant d'eau le liquide filtré et précipitant ensuite par le chlorure barytique, on aura la quantité de soufre appartenant au sulfure, au gaz sulfhydrique et au soufre hydraté, plus celle appartenant aux sulfates et à l'hyposulfite en dissolution dans l'eau qui imbibait le filtre, et dont il faut avec soin tenir compte. (Par la quantité du liquide obtenu après la filtration, on sait celle qui est restée dans le filtre.) On connaissait déjà par l'iode le soufre contenu dans le sulfure et dans le sulfide hydrique; on savait, d'ailleurs, celle du soufre à l'état de sulfate, et la quantité absolue du soufre contenu dans l'eau : cette dernière opération indique la quantité du soufre libre; il est facile d'en déduire la proportion de l'acide hyposulfureux.

Mais on peut aussi arriver directement à l'appréciation de l'acide hyposulfureux. Pour cela, il faut traiter l'eau minérale par un sel neutre de zinc, sans ajouter ensuite de carbonate alcalin; filtrer rapidement et toujours avec les précautions indiquées; verser une quantité déterminée du liquide dans un matras que l'on fermera parfaitement avec un bouchon muni de tubes convenables; ajouter de l'acide chlorhydrique, chauffer, et enfin recevoir l'acide sulfureux, qui se dégage, dans une dissolution d'acétate très-acide de baryte. Pour éviter plus sûrement une perte d'acide sulfureux, on pourrait employer un appareil de Woulf, contenant la même dissolution dans deux flacons successifs. Il n'y a plus ensuite qu'à verser dans cette dissolution bary-

(1) Comme le sulfure de zinc laisse facilement dégager du gaz sulfhydrique, par le contact des acides, il faut ne mettre le filtre dans le matras qu'après y avoir préalablement mêlé le chlorate de potasse et l'eau régale, dont la réaction commencée ne permettra plus à l'acide sulfhydrique de se dégager.

tique quelques gouttes de cyanure rouge de potassium et de fer, et du chlore en quantité suffisante, puis à agiter le mélange à plusieurs reprises pendant les premières heures, après quoi on laisse déposer le précipité, transformé en sulfate de baryte, pour le séparer, comme je l'ai dit plus haut. On obtient ainsi une quantité de sulfate de baryte correspondant à l'acide sulfureux dégagé, lequel doit représenter la moitié du soufre de l'hyposulfite (1).

On peut aussi, dans certains cas, évaluer directement le soufre des hyposulfites au moyen de l'azotate d'argent. Mais, comme je l'ai dit précédemment, les eaux minérales contiennent fort souvent des substances qui s'opposent à l'emploi de ce moyen d'analyse, ou le rendent incommode et peu certain. Si on y avait recours, il ne faudrait pas s'être servi, pour précipiter le sulfure, soit d'un chlorure, soit d'un sulfate, soit d'un acétate de zinc.

Enfin j'ajouterai encore l'indication d'un procédé qui serait assez facile, et qui peut-être quelquefois offrirait des avantages. Il consisterait, après avoir séparé les autres principes, comme je l'ai dit tout à l'heure, à transformer l'acide hyposulfureux resté dans le liquide, en acide sulfurique, au moyen du cyanure rouge et du chlore, pour le doser ensuite par un sel de baryte. On aurait ainsi le soufre des sulfates préalablement existant et celui des hyposulfites, et le premier étant déjà connu, on saurait dès lors la quantité du second. Mais, pour employer ce moyen, il faudrait commencer, s'il restait du zinc dans le

(1) On a dit que les hyposulfites en dissolution ne se décomposaient que très-lentement sous l'influence des acides, ou, du moins, que leur décomposition n'était pas encore complétement terminée après un temps fort long. J'ai constaté qu'après trois quarts d'heure d'ébullition il ne restait guère, dans une pareille dissolution, qu'un centième de l'hyposulfite non décomposé. On peut donc avoir ainsi des résultats sensiblement exacts.

liquide, par s'en débarrasser complétement, en ajoutant un carbonate alcalin et filtrant de nouveau, parce que le cyanure de zinc, qui se précipiterait, deviendrait ensuite beaucoup plus embarrassant.

6° *Sulfites et hyposulfites.* J'avais pensé d'abord qu'on pouvait les séparer au moyen des sels de plomb, le sulfite de plomb ne réagissant presque pas et que très-lentement sur l'iode, tandis que l'hyposulfite l'absorbe très-rapidement. J'avais obtenu des résultats assez satisfaisants ; mais, en répétant ces expériences avec des proportions différentes, j'ai été obligé d'y renoncer. En effet, si la dissolution est un peu concentrée, et que le sulfite soit en assez grand excès, l'hyposulfite se confond, en quelque sorte, avec l'autre sel, et ne réagit presque plus sur l'iode. Si, au contraire, on emploie une dissolution étendue, avec excès d'hyposulfite, c'est le sulfite de plomb dont les propriétés sont modifiées en sens inverse, et l'iode est absorbé, presque comme s'il n'y avait pas eu de précipitation par le sel de plomb. La présence d'un sulfate change aussi les résultats ; et comme il y en a toujours en pareille circonstance, c'est une cause certaine d'erreur. J'ai essayé de séparer ces corps par d'autres solutions, celles de baryte, par exemple, et je n'ai pas mieux réussi. Il me paraît donc impossible d'obtenir ainsi un résultat de quelque valeur, et l'iode devient inutile dans ce cas. Mais on peut arriver au but par une autre voie, en suivant le procédé que j'indiquais tout à l'heure pour l'appréciation de l'acide hyposulfureux seul, en traitant le liquide par l'acide chlorhydrique, chauffant pendant deux ou trois heures, et recueillant avec grand soin, dans une solution d'acétate acide de baryte, tout l'acide sulfureux qui se dégage. On transformera le sulfite ainsi obtenu en sulfate, qui représentera tout le soufre de l'acide sulfureux et la moitié de celui de l'acide hyposulfureux. Il suffira ensuite de réunir par le calcul cette quantité avec celle qui est fournie par les sulfates contenus dans la même eau, et de retrancher le produit de la somme totale du soufre : la différence équivaudra précisément à la moitié du soufre des hyposulfites, et l'on aura ainsi la proportion de l'acide hyposulfureux, et par déduction celle de l'acide sulfureux.

7° *Sulfure, sulfite et hyposulfite.* On précipitera le sulfure par un sel neutre de cobalt, après avoir d'abord apprécié la quantité d'iode absorbée par un volume de liquide. On filtrera immédiatement le mélange, pour séparer le sulfure et terminer l'opération aussi promptement que possible, parce que les sulfites se transforment très-vite en sulfates. Sur une portion du liquide filtré on déterminera la quantité d'iode qu'il peut encore absorber, afin de déterminer la proportion du sulfure, par la différence entre cette opération et celle qui avait été faite d'abord. Puis, on traitera une autre portion du liquide filtré par l'acide chlorhydrique, pour apprécier la proportion de l'acide sulfureux et de l'acide hyposulfureux, comme je viens de le dire pour le mélange précédent. Seulement on aura toujours une appréciation un peu trop faible de l'acide sulfureux, à cause de la petite quantité qui passe à l'état d'acide sulfurique pendant l'opération. Mais l'évaluation des autres principes et celle de la quantité totale du soufre permettront de rectifier cette erreur peu importante.

8° *Acide sulfhydrique, sulfites et hyposulfites.* C'est la répétition de l'opération précédente; seulement, au lieu de dissolution cobaltique, on se sert d'une dissolution de zinc pour précipiter le soufre de l'acide sulfhydrique. En outre, aussitôt que l'on a mêlé le sel de zinc à l'eau minérale, il faut y ajouter une assez forte proportion d'acide acétique, afin d'empêcher la formation d'un sulfite de zinc, qui resterait en partie sur le filtre et échapperait ainsi à l'analyse. Malgré cette précaution même, si le précipité de sulfure zincique était très-abondant, il pourrait entraîner un peu de sulfite et vicier l'opération ; aussi, en pareil cas, il conviendrait d'ajouter préalablement au liquide de l'eau distillée, afin de rendre la proportion du précipité moins forte.

Si les deux derniers mélanges, au lieu de contenir des sulfites et des hyposulfites, renfermaient seulement des sulfites avec l'un ou l'autre des principes sulfureux proprement dits, l'opération serait bien simple et se réduirait à essayer par l'iode l'eau naturelle, et puis à l'essayer de même après l'emploi de l'une des dissolutions métalliques indiquées. On trouverait, par le premier essai, la quantité de soufre des deux composés; par le second, le soufre de l'acide sulfureux seul, et la différence donnerait le soufre de l'autre principe.

9° Si l'on avait à analyser un mélange contenant un polysulfure, on y arriverait également par les opérations que je viens d'exposer. Après avoir séparé et évalué les autres principes sulfureux, on saurait, par l'iode, la portion de soufre du polysulfure qui correspond à un monosulfure. Resterait à déterminer l'excès de soufre. Pour cela, on retrancherait de l'évaluation totale du soufre la somme des évaluations des autres composés sulfureux : la différence, divisée par le soufre du monosulfure, donnerait précisément le degré de sulfuration du polysulfure.

Résumé. J'ai passé en revue à peu près toutes les combinaisons sulfureuses qui peuvent se rencontrer dans la nature; et je crois qu'avec les moyens indiqués dans ce travail on peut analyser assez exactement toutes les eaux qui portent ce nom, à moins qu'il ne se trouve dans quelques-unes d'autres principes sulfureux, d'une composition nouvelle. Je n'ai pas relaté les divers moyens d'analyse qui ont été proposés, et qui me paraissent défectueux. Ainsi M. O. Henry a conseillé de séparer les sulfites des sulfures, en faisant bouillir le liquide avec un bicarbonate alcalin, pour dégager tout le soufre du sulfure à l'état de gaz sulfhydrique, et apprécier ensuite l'acide sulfureux au moyen de l'iode. Mais d'abord l'ébullition transforme les sulfites en sulfates, même assez rapidement; et puis le dégagement d'acide sulfhydrique, que veut obtenir M. Henry, décomposerait le sulfite et ne laisserait ensuite rien à apprécier par l'iode. J'ai essayé d'arriver au même but par un moyen moins susceptible, me semblait-il, d'agir sur le sulfite; j'ai versé, dans un mélange de sulfure et de sulfite, une solution de bicarbonate de soude, et puis de l'acide acétique, pour dégager, par l'agitation seulement, et sans employer la chaleur, beaucoup d'acide carbonique et en même temps l'acide sulfhydrique fourni par le sulfure: j'ai bien réussi à détruire le sulfure, mais le sulfite aussi a disparu, parce que le gaz sulfhydrique, en se dégageant, réagit sur le sulfite et le décompose. Le même chimiste a proposé aussi de séparer des sulfures l'acide sulfhydrique, au moyen de l'argent en poudre, pour doser ensuite le sulfure seul par l'iode. Mais ce moyen ne m'a pas donné non plus de bons résultats, et la solution de cobalt, avec addition immédiate d'acide acétique, me paraît, sous ce rapport, bien préférable. Je ne m'étendrai pas davantage sur ce sujet.

J'ai supposé toujours connue la nature des principes dont je me suis occupé, leur quantité seule restant à déterminer. Il n'en est point ainsi lorsqu'on veut analyser une eau minérale. Alors il faut faire en même temps l'analyse qualitative et l'analyse quantitative. Je vais prendre un exemple, et pour embrasser à la fois toutes les difficultés, je supposerai un cas qui renferme tous les autres, c'est-à-dire une eau contenant tous les principes sulfureux que j'ai examinés.

A sa couleur, d'abord, on reconnaît la présence du soufre en suspension. Il est facile, en outre, par l'emploi d'une solution de cobalt, d'une solution d'acide arsénieux, etc., de constater la présence du soufre à l'état de sulfure et à l'état de gaz sulfhydrique simultanément : voilà tout ce que l'on apercevra d'abord. Alors on traitera un volume d'eau par la solution d'amidon et la solution iodique, et l'on recommencera l'expérience plusieurs fois, afin de bien s'assurer de la quantité d'iode absorbée. — Deux volumes d'eau, séparés et semblables, seront traités par le chlorure barytique très-acide, pour apprécier l'acide sulfurique des sulfates. — Dans deux autres volumes pareils de liquide, on ajoutera du cyanure ferrico-potassique et du chlore en grand excès, et puis, au bout de quelques heures, du chlorure de baryum, pour doser la quantité totale du soufre par le sulfate de baryte produit.—Ensuite, on versera, dans une quantité d'eau déterminée, une solution d'acétate de zinc, puis de l'acide acétique, en proportion également mesurée, pour précipiter tout le soufre du sulfure et du gaz sulfhydrique; on filtrera immédiatement, et l'on essayera le liquide filtré par l'iode, sans attendre la fin de la filtration, pour reconnaître s'il y a des sulfites et des hyposulfites. Leur existence étant constatée, on notera avec soin, et en répétant l'opération à plusieurs reprises, le nombre de degrés du sulfhydromètre qu'ils absorbent, pour un volume donné du liquide. — On doit alors chercher s'il y a dans la dissolution des sulfites ou des hyposulfites, ou bien sulfites et hyposulfites réunis. Pour cela, on versera, dans une portion du liquide filtré, un excès d'acétate de plomb, puis on ajoutera de la solution d'amidon; on agitera le liquide pour produire un mélange parfait, et on y laissera tomber quelques gouttes de solution d'iode. S'il n'y avait point d'hyposulfites, une seule goutte d'iode déterminerait un bleuissement bien prononcé, qui ne disparaîtrait qu'au bout de quelques instants ou par l'agitation ; comme il y en a, au contraire, le liquide ne bleuira point d'abord, et il ne changera de couleur qu'après qu'on y aura versé une certaine quantité de solution iodique. Dès lors la présence de l'acide hyposulfureux est certaine ; il reste seulement à constater celle de l'acide sulfureux. On laissera une autre portion du liquide filtré au contact de l'air, dans un vase largement ouvert ; et au bout de plusieurs heures on l'essayera de nouveau par l'iode. S'il n'y avait point de sulfites, la quantité absorbée serait encore sensiblement la même après douze heures d'exposition à l'air, tandis que la présence des sulfites, qui se transforment assez vite en sulfates, sera indiquée par une diminution très-notable dans la quantité d'iode absorbée, à moins que la proportion des sulfites soit très-faible, et alors il serait peu important de ne pas les méconnaître.

Toutes ces opérations préliminaires demandent peu de temps, et peuvent être terminées en une heure pour un mélange aussi complexe. Il s'agit ensuite de déterminer la quantité du soufre qui se trouve à chacun de ces divers états. On traitera un volume d'eau par un sel cobaltique neutre, et l'on ajoutera immédiatement de l'acide acétique, pour empêcher la combinaison du gaz sulfhydrique avec le cobalt. Si le précipité est peu abondant, il ne s'opposera point à ce qu'on agisse aussitôt avec l'iode ; dans le cas contraire, on le laissera déposer pendant quelques minutes dans un flacon fermé ; puis on fera sur le liquide, décanté rapidement, l'essai sulfhydrométrique, qui indiquera la quantité d'iode absorbée par le gaz sulfhydrique, par les sulfites et les hyposulfites, le soufre du sulfure étant seul précipité. Comme on sait déjà, par la première expérience faite avec l'iode, la quantité totale absorbée par un volume d'eau ; par la seconde, faite après l'emploi du sel de zinc, la quantité absorbée par les sulfites et les hyposulfites, on saura, par celle-ci, la quantité absorbée par le gaz sulfhydrique, et, par conséquent, la quantité qu'absorbe le sulfure. Or, ces deux dernières quantités étant en rapport constant avec le soufre, on connaît dès lors le soufre qui se trouve à l'état de sulfure et celui qui est à l'état de gaz sulfhydrique.

Il ne reste plus à évaluer que le soufre tenu en suspension et celui des sulfites et des hyposulfites. Si l'on veut faire une analyse bien complète, et avoir des résultats de la plus grande exactitude possible, on appréciera d'une part le soufre libre, par sa transformation en acide sulfurique, et d'autre part celui des sulfites et des hyposulfites, par l'acide sulfureux qu'on en dégagera, ainsi que je l'ai dit pour l'analyse des cinquième et sixième mélanges indiqués plus haut.

Après avoir achevé ces évaluations partielles de chacun des éléments sulfureux, y compris les sulfates, il suffira d'en réunir les produits par le calcul, et de comparer le résultat avec celui de l'évaluation totale du soufre contenu dans l'eau (par le cyanure et le chlore), pour voir si l'on a commis des erreurs, et pour rectifier de petites inexactitudes de détail.

Dans toute cette exposition de moyens analytiques, j'ai supposé qu'il ne se trouvait, avec les principes sulfureux, aucune autre substance qui pût absorber de l'iode : si le contraire arrivait, et, je l'ai déjà dit, cela ne me paraît point impossible, on en serait averti par le résultat de l'appréciation totale du soufre, comparé aux autres résultats.

Je n'ai pas besoin de revenir sur l'influence des principes alcalins, dont il est facile de neutraliser les effets, comme je l'ai indiqué plus haut. Cette influence, d'ailleurs, ne peut se faire sentir que dans l'action de l'iode sur l'eau naturelle; lorsqu'on a mêlé à cette eau une solution métallique pour précipiter le soufre des sulfures, la réaction alcaline n'existe plus.

DERNIÈRE RÉPONSE

À M. LE DOCTEUR DUPASQUIER

DE LYON.

> Ce n'est pas moi, monsieur, qu'on accusera d'embrouiller la question : je ne cherche que la vérité; et je demande des juges; pour qu'elle soit reconnue et proclamée.

Depuis quelques années déjà une contestation scientifique s'est élevée entre M. le docteur Dupasquier et moi, au sujet des assertions émises par ce chimiste, sur les principes sulfureux des eaux d'Uriage et d'Allevard, et le public en a été bien assez entretenu. Cependant, je suis obligé, bien malgré moi, d'y revenir encore : des allégations et des imputations très-graves de mon honorable adversaire ne me permettent pas de garder le silence. J'espérais l'année dernière qu'il n'en serait point ainsi ; car, en répondant à M. Dupasquier, je lui avais offert le meilleur moyen d'en finir, la vérification des faits en discussion. Ce moyen, qu'il avait lui-même proposé d'abord, je devais croire qu'il l'accepterait avec empressement : je me trompais. M. Dupasquier s'est contenté de me répliquer par des personnalités injurieuses, des accusations de *subtilités de parole*, d'*assertions hasardées*, de *faits inexacts*, de *déductions scientifiques insoutenables*, de mensonge même, tout cela accumulé comme pour produire grand effet : du reste, point de réponse aux objections que je lui avais faites ; il proclame bien haut seulement qu'il a raison, toujours raison, dans l'espoir sans doute d'être cru sur parole. S'il avait eu pour but, par cette manière de discuter, de me lasser de la discussion, il aurait parfaitement réussi, car j'ai peu de goût pour une pareille guerre ; s'il avait voulu par là m'obliger au silence, il se serait trompé : il m'a mis au contraire dans la nécessité de repousser les imputations qu'il a dirigées contre moi, et de rétablir les faits qu'il prétend que j'embrouille.

Je pourrais, en quelque sorte, me borner à répondre à mon honorable confrère : Vous avez avancé des faits graves que j'ai signalés comme des erreurs. Vous m'avez proposé sur cette question un défi ; quelque inusitée qu'en fût la forme, je l'ai accepté pour que la vérité en sortît. Alors vous l'avez abandonné, et dix-huit mois plus tard, vous avez substitué à ce défi une proposition d'analyse comparative et *scientifique* ; j'ai accepté cette nouvelle proposition, comme j'avais accepté la première, dans l'espoir encore qu'en sortirait la vérité. Eh bien, cette proposition nouvelle, émanée de vous, acceptée par moi, vous l'avez encore abandonnée ; car après que je vous ai dit non-seulement que je consentais à cette analyse comparative, mais que je la demandais, que je la réclamais, dans votre réponse vous n'en dites plus mot. Ainsi, tous les moyens que vous m'avez offerts pour éclaircir la vérité, je les ai acceptés ; je vous ai moi-même invité formellement à un examen comparatif : et c'est moi que vous accusez d'embrouiller la question, moi que vous accusez de subtilités de parole et d'argumentation, quand je ne cherche que la vérité, quand je ne demande que la lumière ! Il n'y a plus maintenant qu'une seule manière de terminer honorablement cette fâcheuse polémique, c'est de prier les honorables membres de la faculté des sciences de Grenoble, que vous m'avez vous-même proposés pour juges, de faire une analyse comparative des deux sources, au commencement, au milieu et à la fin de la saison des eaux. Alors, la vérité sera connue; la science ne pourra qu'y gagner, et les médecins sauront précisément la nature du médicament qu'ils ordonnent. Si vous êtes si assuré d'avoir raison, monsieur, vous accepterez le jugement que je vous propose à mon tour.

Mais je dois une réponse directe aux allégations de mon honorable confrère; je la ferai claire et précise. Suivant lui, je l'ai trois fois accusé d'erreur, et chaque fois par des arguments nouveaux, obligé que j'étais d'abandonner successivement ceux sur lesquels je m'étais appuyé d'abord (1). Ainsi, j'avais avancé, en acceptant le défi proposé par M. Dupasquier (c'était un simple avis que je lui donnais, un avis bienveillant, mais dont il m'a su fort peu de gré), qu'il avait été induit en erreur, très-probablement parce qu'il avait opéré, non pas sur l'eau minérale d'Uriage elle-même, mais sur l'eau minérale mêlée avec l'eau du petit ruisseau voisin, pendant que l'on réparait les tuyaux de conduite de la source. Puis, dans ma réponse de l'année dernière, je n'ai plus parlé de cette circonstance; et là-dessus M. Dupasquier triomphe et proclame que j'ai reconnu, comme tout le monde, la nullité de cet *argument*. Mais il s'est trop hâté de triompher à cet égard : je n'ai nullement changé d'opinion, d'abord parce que j'ai tout lieu de croire exacts les renseignements que j'avais reçus, ensuite parce que mon honorable confrère ne m'a point

(1) Je me suis expliqué l'année dernière sur la question relative aux sulfures : je n'y reviendrai pas.

encore fait connaître comment il avait pu, sans s'adresser aux employés de l'établissement, pour avoir les renseignements nécessaires et pour obtenir la clef des constructions où la source est enfermée, pénétrer jusqu'à cette source, et se livrer avec une entière certitude aux expériences dont il a publié le résultat; enfin, par une raison que m'a fournie M. Dupasquier lui-même, car, par inadvertance bien certainement, il s'est chargé, comme on va le voir, de prouver ce que j'avais avancé.

On lit, en effet, dans l'*Histoire de l'eau minérale d'Allevard*, à la page 265 : « Dans une visite qu'il a faite depuis à Uriage avec M. le docteur Pérouse, le rapporteur de la commission (M. Dupasquier) y a trouvé cette conferve, ayant absolument la même apparence qu'à Allevard ; seulement elle se montre dans l'eau minérale (à Uriage), *avant son mélange avec l'eau commune. C'est dans le ruisseau que forme l'eau d'Uriage*, à sa sortie du réservoir placé à une certaine distance au-dessus de l'établissement, près des bains romains, qu'on peut observer cette conferve, etc. » Eh bien, c'est justement ce que j'avais dit à M. Dupasquier, savoir qu'il avait pris l'eau d'Uriage dans le ruisseau, et qu'il avait cru avoir affaire à l'eau minérale pure, quand elle était mêlée avec des eaux étrangères, avec l'eau du ruisseau. Si mon honorable confrère avait demandé au directeur de l'établissement les moyens de voir la source et d'y faire ses expériences, on lui aurait ouvert la galerie, située en effet près des bains romains. Il aurait reconnu que l'eau minérale est renfermée partout dans des tuyaux sans communication avec l'extérieur; qu'au pied de cette galerie seulement elle traverse un petit bassin en pierre, d'où elle était en ce moment déversée par une ouverture latérale, qui la jetait précisément dans un petit ruisseau d'eau commune situé tout à côté; il aurait reconnu enfin que nulle part ailleurs l'eau minérale ne peut sortir de ses tuyaux, et qu'elle ne pouvait, en ce point, s'échapper de la galerie pour former un ruisseau, qu'en s'y mêlant avec une assez grande quantité d'eau étrangère.

Je ne comprends pas, je l'avoue, comment mon honorable confrère a pu imprimer dans son livre le passage que je viens d'en extraire, après avoir inséré textuellement, à quelques pages de distance, la lettre dans laquelle je lui donnais les indications que je viens de reproduire, et qui devaient lui prouver de la manière la plus évidente que ce qu'il appelle, à la page 265, *le ruisseau formé par l'eau d'Uriage*, n'était qu'un mélange de différentes sources. Je ne comprends pas davantage comment il a pu, précisément en réponse à ma lettre, dans le même ouvrage, affirmer encore qu'il a puisé l'eau, pour faire ses expériences, à la citerne qui se trouve à côté des bains romains, quand il ressort évidemment pour moi, du passage que je viens de citer, que M. Dupasquier ne connaît pas cette citerne dont il parle. Il y a là, de sa part, une illusion que je ne puis m'expliquer. C'est un fait facile à vérifier, et quiconque voudra en avoir la preuve s'étonnera comme moi des singulières assertions que je viens de signaler.

J'avais donc, M. Dupasquier doit le voir maintenant, de fort bonnes raisons pour persister dans mon opinion, et si je ne l'ai pas dit l'année dernière, si je n'ai pas produit ces faits, c'est par un sentiment de réserve que mon honorable confrère n'a pas compris. Il ne me semblait pas indispensable pour la cause que je soutiens de mettre en lumière ces choquantes contradictions, et j'ai préféré les laisser dans l'oubli ; mais puisque M. Dupasquier se fait de ma modération une arme contre moi-même, il faut bien que je rétablisse les faits.

Mais, va me dire encore mon honorable confrère, vous

avez avoué qu'en vous servant de mon procédé pour expérimenter sur l'eau d'Uriage, vous étiez arrivé au résultat que j'ai indiqué : *j'avais donc raison; je n'avais donc pas opéré sur de l'eau impure ou mélangée.* Pardon, M. Dupasquier, vous prenez bien, dans ce que j'avance, ce qui vous convient, mais vous avez grand soin de laisser de côté ce qui ne vous convient pas, et par là vous tronquez, vous dénaturez mes assertions. Est-ce justice? est-ce ainsi que j'agis envers vous? J'ai dit, en effet, que j'avais obtenu parfois le même résultat, mais à l'époque où les eaux sont le moins concentrées, à une époque aussi où je ne trouvais pour l'eau d'Allevard que six degrés et demi du sulfhydromètre, au lieu de vingt-huit que vous indiquez comme proportion constante. De six à vingt-huit la différence est un peu forte! Il vous a paru sans doute embarrassant d'expliquer comment j'avais pu ne trouver à Allevard que six degrés et demi ; comment, d'ailleurs, M. Gueymard n'y en a trouvé que seize au milieu de l'été, quand vous affirmez qu'il y en a vingt-huit pendant toute la belle saison; et vous avez passé sous silence ces observations fâcheuses. C'est plus commode, à la vérité; mais, pour être juste, monsieur, ou il ne fallait pas vous armer contre moi de la franchise avec laquelle je constatais les résultats que j'avais obtenus à Uriage, les plus faibles comme les plus forts, en vous emparant des premiers seulement pour les besoins de votre cause, et sans faire mention des seconds, ou il fallait en même temps citer les résultats comparatifs que j'avais obtenus à Allevard. Mais c'eût été vous donner tort, et vous vouliez avoir raison.

En voilà bien assez, je pense, sur ce triomphe de M. Dupasquier, pour que l'on puisse juger s'il se l'est décerné avec justice. Je passe à un autre.

J'ai dit l'année dernière que l'eau d'Uriage contenait du

soufre à l'état d'hyposulfite, et que le sulfhydromètre était impuissant à déterminer le soufre des hyposulfites. « La première assertion n'est pas plus exacte que la seconde, et je le prouve, » dit M. Dupasquier (je cite textuellement ce passage tiré des pages 9 et 10 de sa *courte Réponse*, car je ne veux pas en perdre un mot) : « Avancer, comme le fait M. Gerdy, que la teinture d'iode du sulfhydromètre n'indique pas le soufre des hyposulfites, est, en effet, une très-grave erreur. Si M. Gerdy avait pris la peine de faire une seule expérience, il aurait reconnu que les hyposulfites donnent lieu, dans l'analyse sulfhydrométrique, à la même réaction que les sulfures et l'acide sulfhydrique. L'iode détruit complétement les hyposulfites, en donnant lieu à la décomposition de l'eau, pour lui enlever de l'hydrogène, et former de l'acide iodhydrique, pendant que son oxygène fait passer les hyposulfites à l'état de sulfates. » Voilà qui est bien clair et parfaitement déduit : malheureusement, autant de mots, autant d'erreurs, et je vais le prouver à mon tour. C'est précisément parce que j'avais fait des expériences, que j'avais reconnu que la réaction de l'iode avec les hyposulfites n'était pas du tout la même qu'avec les sulfures ou l'acide sulfhydrique. Et M. Dupasquier l'aurait reconnu également, s'il avait, lui aussi, *pris la peine* de faire des expériences, j'entends des expériences complètes et sérieuses, en analysant par d'autres moyens l'hyposulfite employé, pour connaître la quantité de ses principes constituants. Il a vu et il a fait voir à la société de médecine de Lyon, que, si l'on verse de la teinture d'iode dans une dissolution d'hyposulfite, une certaine quantité de cette teinture est décolorée, comme si on la versait dans une dissolution de sulfure. Mais, ce qu'il n'a pas fait voir, ce qu'il ne pouvait faire voir dans une séance de cette honorable société, parce que cela exigeait des expériences nombreuses et des analyses faites dans un laboratoire, c'est que la proportion d'iode, absorbée et décolorée par un hyposulfite, n'est guère que le quart de celle qu'absorbe un sulfure; c'est que cette proportion d'ailleurs est variable et ne permet point, par conséquent, de doser les hyposulfites par le sulfhydromètre, ainsi que je l'avais dit et que je l'ai amplement démontré dans le Mémoire qui précède.

D'ailleurs, dans cette réaction, l'iode ne décompose point l'eau pour former de l'acide iodhydrique et faire passer le soufre à l'état d'acide sulfurique; mais il se produit un iodure et un nouveau composé du soufre, comme l'ont fait voir MM. Fordos et Gélis; il ne se produit point de sulfate, du moins pour l'ordinaire, et M. Dupasquier aurait pu le reconnaître très-facilement, il aurait pu même le prévoir en recherchant, par le calcul, la quantité d'oxygène nécessaire pour faire passer l'acide hyposulfureux à l'état d'acide sulfurique, ce qui exigerait une quantité d'iode infiniment plus considérable. J'avais donc raison de dire tout à l'heure, à propos du passage cité, autant de mots, autant d'erreurs ; car des faits rapportés par mon honorable confrère, et de la théorie par laquelle il les explique, il n'y a pas un mot qui puisse être conservé.

Quant à la question de savoir s'il y a, en réalité, dans l'eau d'Uriage, des hyposulfites en quantité notable, M. Dupasquier me presse sur ce point d'interrogations multipliées et triomphantes encore. Comme il sait fort bien que la science ne me fournissait pas les moyens d'apprécier directement les hyposulfites, dans une dissolution complexe et aussi chargée de principes minéralisateurs que l'est l'eau d'Uriage, il est bien sûr que je n'ai pu les admettre que par induction ; et cela ressort, d'ailleurs, assez clairement de ce que j'ai dit l'année dernière, en exposant d'une manière complète le résultat de mes expériences. J'ai constaté dans l'eau d'Uriage, en recherchant la proportion générale du soufre, indépendamment des sulfates, une quantité assez considérable de ce principe, et c'était pour moi le point essentiel. Restait à savoir ensuite à quel état se trouvait ce soufre : une portion était du gaz sulfhydrique, une autre portion était du soufre hydraté; mais la quantité du soufre hydraté, que la chimie ne me donnait pas d'ailleurs le moyen d'apprécier exactement, ne m'a point paru équivaloir à celle du soufre que m'indiquait l'évaluation générale; et j'ai été par cela même conduit à admettre de l'acide hyposulfureux ou des hyposulfites. Ce n'était donc qu'une induction, mais une induction pour moi en quelque sorte nécessaire, dans l'état de la science. Par suite des dernières recherches auxquelles je me suis livré, j'espère maintenant pouvoir arriver à des déterminations plus précises : et si je reconnaissais qu'il n'y a point d'hyposulfites dans l'eau d'Uriage, et que le soufre qui m'avait paru ainsi combiné est simplement du soufre hydraté, M. Dupasquier croit-il que j'en éprouverais quelque chagrin? Nullement, car j'aime bien autant le soufre à ce dernier état qu'à l'état d'hyposulfite.

Mais, d'ailleurs, me dit M. Dupasquier, les hyposulfites ne sont pas un principe sulfureux. « Ce qu'on appelle principe sulfureux, principe hépatique, c'est le soufre combiné à l'hydrogène, formant l'acide sulfhydrique libre ou le gaz hydrogène sulfuré, et l'acide sulfhydrique combiné, dans les sulfhydrates et les sulfures. » A ce compte, le soufre lui-même, que les médecins emploient tous les jours, soit à l'intérieur, soit à l'extérieur, en pommade, etc., pour combattre certaines maladies de la peau, par exemple, ne serait pas un principe sulfureux; par la même raison, le soufre hydraté des eaux minérales ne serait pas un principe sulfureux; à bien plus forte raison encore, l'acide sulfureux des fumigations sulfureuses, avec lesquelles on guérit aussi des maladies de la peau, ne serait pas un principe sulfureux. En raisonnant ainsi, quoique l'acide hyposulfureux contienne beaucoup plus de soufre que l'acide sulfureux, et beaucoup moins d'oxygène, je conçois parfaitement que mon honorable confrère ne veuille accorder aux hyposulfites aucune action sulfureuse. Mais s'il n'y a aucune divergence dans l'opinion des médecins, comme il le dit, je doute que cette unanimité d'opinion soit en faveur de ses théories; je doute particulièrement qu'il obtienne l'assentiment de ceux qui auront expérimenté l'action de ces divers moyens.

Mais *je me rattache à toutes les branches*, et voilà que j'ai dit que le soufre hydraté des eaux minérales était très-actif, que la transformation qui le produit était utile, nécessaire [1]. — « D'où il faudrait conclure, ajoute M. Dupasquier, que *les eaux dénaturées par l'air valent mieux que les eaux dans un état de conservation parfaite*. Voilà cependant où peut conduire l'argumentation quand elle n'a pas pour base la vérité ! »

Puisque M. Dupasquier m'y oblige, je vais lui faire connaître la base de mon argumentation. Il verra si elle avait pour base la vérité, et il trouvera, j'espère, dans ce que je vais lui dire, une nouvelle preuve de la réserve que j'ai apportée dans cette discussion et que je m'afflige de n'avoir pas toujours rencontrée chez mon honorable adversaire. J'ai dit que M. Gueymard, en examinant l'eau d'Allevard, au mois d'août de 1841, avec le sulfhydromètre, avait trouvé à la source 16°, et à l'établissement 9° et demi seu-

[1] M. Dupasquier altère ma pensée en l'exagérant; j'ai dit que cette transformation était utile, peut-être, mais en tout cas inévitable.

lement : c'était une époque de concentration des eaux. J'ai dit, en outre, qu'en l'examinant au commencement de juin de l'année dernière, j'avais obtenu à la source 6° et demi. Je n'ai pas ajouté, et je dois ajouter maintenant, qu'à son arrivée dans l'établissement, la même eau ne marquait plus que 2° et demi. Elle avait donc perdu déjà la plus grande partie de son gaz sulfhydrique, et elle était devenue opaline, parce que ce gaz, en se décomposant, y avait laissé du soufre hydraté. Mais dans les bains, il restait bien moins de gaz encore, car une pièce d'argent, tenue pendant une demi-heure dans un bain, n'a pas changé de couleur. Et cependant on sentait dans les cabinets une assez forte odeur d'acide sulfhydrique. Mais cette odeur sur laquelle s'appuie M. Dupasquier, et qui frappe surtout les gens du monde, prouve justement que, par suite du mélange de l'eau chaude et de l'eau froide et de leur extrême agitation au moment où l'on fait le bain, le gaz s'en est en grande partie dégagé.

Sans doute, à une époque de concentration plus grande, comme celle où M. Gueymard a fait ses expériences (non pas toutefois sur l'eau des bains), il resterait dans les bains une plus grande proportion de gaz que celle que j'ai pu y trouver ; mais je ne crains pas de m'avancer témérairement, en disant que très-probablement il n'y en a pas, en moyenne, dans les bains, le quart de ce qui existe à la source. Et cependant l'eau d'Allevard a des propriétés sulfureuses assez importantes, que je suis loin de contester, et que les observations de mon très-estimable confrère, M. Châtain, ont mises hors de doute. Mais ces propriétés, elle les doit, au moins en bonne partie, j'en suis convaincu, au soufre hydraté qu'elle contient et qui résulte de la décomposition du gaz. Ce phénomène, du reste, existe à un degré plus ou moins prononcé dans toutes les eaux sulfureuses ; et toutes lui doivent en partie leurs propriétés, parce que si le gaz ne se décomposait pas, il se dégagerait également par la chaleur et l'agitation, et il ne resterait dans les bains que fort peu de principes sulfureux. Voilà les bases de mon argumentation, monsieur Dupasquier ; elle est du moins fondée sur des observations précises : on jugera qui de nous deux a le mieux observé et le mieux raisonné. Quiconque voudra répéter sur ce point les expériences auxquelles je me suis livré pourra savoir la vérité.

Si je n'ai point rapporté l'année dernière les observations que je viens de citer, c'est que je craignais, non pas de nuire à la considération justement acquise de l'établissement d'Allevard (car il importe fort peu, en réalité, que le soufre agisse comme gaz sulfhydrique ou comme soufre hydraté, pourvu qu'il agisse), mais que l'on pût me soupçonner d'avoir une pareille intention, quand je ne faisais que me défendre contre les assertions de M. Dupasquier.

Mon honorable confrère trouve d'ailleurs fort plaisant, qu'en parlant de l'insuffisance du sulfhydromètre pour l'analyse des eaux minérales, j'aie dit que l'iode était absorbé par les cyanures et par l'urine, comme par les sulfures, et il fait remarquer très-judicieusement qu'il n'y a point d'urine dans les eaux minérales. Aussi ai-je dit seulement qu'il pouvait se trouver, dans les eaux, certaines substances susceptibles d'absorber de l'iode, comme le font les cyanures, comme le fait l'urine ou l'acide urique ; et les personnes qui liront le mémoire qui précède (pag. 10 et 11), trouveront, j'espère, moins plaisant ce que j'ai dit à ce sujet, en voyant que si M. Dupasquier avait connu de pareils faits et procédé avec plus de prudence, il n'eût pas avancé une erreur à propos de l'eau d'*alun* d'Aix en Savoie.

J'arrive, pour finir, au fait le plus grave de la réponse de M. Dupasquier. J'ai dit (pag. 16 de ma brochure publiée l'an dernier) que son analyse de l'eau d'Allevard n'était pas plus exacte sous le rapport des principes salins que sous le rapport des principes sulfureux, et que, si l'on faisait l'addition des chiffres relatifs à chacun des sels contenus dans cette eau, d'après lui, on trouvait pour total; 3 gr. 539 milligr. de sels desséchés. Je n'ai pas dit de sels anhydres; mais M. Dupasquier me fait dire *de sels desséchés et anhydres*, ce qui est fort différent, mais plus commode pour lui. Puis il répond à cela par un démenti formel : « *Ce fait est faux*. Si M. Gerdy avait additionné avec *plus d'attention*, il aurait trouvé pour total, à la colonne des sels *desséchés ou anhydres* de mon analyse, 2 grammes 240 milligrammes. »

Je l'avoue, j'ai relu plus d'une fois ce passage avant de pouvoir me persuader que M. Dupasquier l'avait écrit. Voici son analyse :

	Produits solides. Sels anhydres.	Sels cristallisés.
	gram.	gram.
Carbonate de chaux,	0,305	0,305
— de magnésie,	0,010	0,015
— de fer,	traces.	
Sulfate de soude,	0,535	1,211
— de magnésie,	0,523	1,065
— de chaux,	0,298	0,574
— d'alumine,	traces.	
Chlorure de sodium,	0,503	0,503
— de magnésium,	0,061	0,061
— d'aluminium,	traces.	
Acide silicique,	0,005	0,005
Total.	2,240	Total. 3,539

J'ai fait l'addition des sels cristallisés, et j'ai indiqué le total, qui est parfaitement exact, comme on peut le vérifier; j'ai dit que cette analyse donnait 3 gr. 539 milligr. de sels desséchés. J'ai dit *de sels desséchés*, parce que l'on n'apprécie le poids des sels cristallisés, comme des sels anhydres, qu'après les avoir desséchés, ce qui ne signifie pas du tout qu'on réduit les sels cristallisés à l'état anhydre. Qui ne sait, en effet, que les sels *anhydres* sont ceux qui ne contiennent point d'eau de cristallisation, et qu'un sel cristallisé peut être parfaitement *desséché*, c'est-à-dire privé d'eau étrangère, quoiqu'il contienne une très-forte proportion d'eau de cristallisation, d'eau combinée avec ses éléments, témoin le sulfate de soude qui contient plus que son poids d'eau de cristallisation, quoiqu'il soit parfaitement sec? Certes, M. Dupasquier sait fort bien tout cela; mais il lui convient, pour se mettre plus à l'aise, de me prêter des expressions que je n'ai employées nulle part, et il me fait dire *sels desséchés et anhydres*, quand j'ai dit simplement *sels desséchés*. Et puis il me jette à la tête le total de sa colonne de sels anhydres!

N'importe; puisque M. Dupasquier se retranche sur les sels anhydres, j'accepterai ses termes : cela diminuera le chiffre de son erreur, mais sans en diminuer l'importance. Je supposerai que le résidu salin qui m'a été donné l'année dernière, au commencement de juin, par l'eau d'Allevard évaporée, ne contenait que des sels anhydres et point de sels cristallisés, et je demanderai encore à M. Dupasquier comment il se fait que je n'aie obtenu alors que 1 gr. 10 centigr., tandis que le total des sels anhydres de son analyse est de 2 gr. 24 centigr., plus du double; ce qui ne devrait pas être, puisqu'il a dit que la quantité des principes minéralisateurs ne variait point pendant toute la saison des eaux. M. Dupasquier peut récuser mes résultats; mais alors je lui opposerai ceux qui ont été obtenus par d'autres chimistes, à des époques de concentration des eaux, et qui tous sont de beaucoup inférieurs aux siens. M. Dupasquier s'est donc trompé à l'égard des principes salins, comme il s'est trompé à l'égard des principes sulfureux de l'eau d'Allevard, ainsi que je l'ai démontré l'année dernière, sans que, sur ce point, j'aie reçu aucun démenti; comme il s'est trompé à l'égard des principes sulfureux de l'eau d'Uriage.

Je regrette vivement d'avoir été forcé de rentrer dans cette discussion; je regretterais surtout qu'on pût me soupçonner d'avoir voulu nuire à la prospérité naissante d'un établissement important. Si j'ai parlé d'Allevard, ce n'est que contraint par les nécessités de la discussion, parce qu'il fallait bien me servir des armes que m'offrait M. Dupasquier; et je l'ai fait avec la réserve convenable: on le reconnaîtra, j'espère. Quand j'ai publié, l'année dernière, les résultats de mes expériences sur les eaux d'Allevard et d'Uriage, je me suis gardé d'en conclure que l'eau d'Uriage l'emportait par ses principes sulfureux, comme elle l'emporte par l'abondance bien connue de ses principes salins. Quoique mon analyse m'eût donné, en définitive, beaucoup plus de soufre à Uriage qu'à Allevard, j'ai eu soin de dire qu'il ne me suffisait pas d'un seul examen, pour porter un jugement sur les principes sulfureux de l'eau d'Allevard, comme sur ceux de l'eau d'Uriage; mais qu'il fallait des analyses répétées à plusieurs reprises et à diverses époques, pour juger la question. J'ai demandé ce jugement, je le demande encore.

Si M. Dupasquier était resté dans les termes d'une discussion scientifique, j'aurais pu m'en tenir à ma réponse dernière, où les faits me semblaient suffisamment éclaircis, et garder le silence; mais il a inculpé ma bonne foi, il m'a adressé des imputations qui touchent à l'honneur, et sur ce point je ne pouvais me taire. En agissant dans un but purement et exclusivement scientifique, *il a froissé sans le vouloir*, dit-il, *des intérêts, et ces intérêts devaient parler*, *ne fût-ce que pour embrouiller la question.* D'abord, il ne s'agit pas de savoir qui de nous deux a le plus d'intérêts en jeu; mais qui de nous deux a raison. La défense des intérêts froissés est très-légitime quand elle est juste, et qu'elle répond à d'injustes attaques. Si les assertions de M. Dupasquier avaient été exactes, je n'y aurais trouvé rien à redire; car ni le propriétaire ni l'inspecteur d'Uriage ne veulent tromper personne. Les propriétés thérapeutiques de cette source sont d'ailleurs assez connues aujourd'hui, pour que la question chimique n'y soit que très-accessoire, au point de vue des intérêts privés. Les assertions de M. Dupasquier, si même elles avaient été exactes, n'auraient pas fait que les résultats obtenus ne fussent pas obtenus et ne pussent pas l'être à l'avenir. Mais ces assertions étaient complétement inexactes; et c'était pour moi, non-seulement un intérêt, mais un devoir, un devoir envers l'établissement, envers la science, envers le public, de les réfuter. Ce devoir, je le remplirai jusqu'à la fin.

J'ai assez montré, je crois, que je ne voulais pas *embrouiller la question,* mais que je voulais, au contraire, qu'il sortît au moins de cette discussion fâcheuse d'utiles vérités. C'est qu'en effet, je ne crains pas la vérité, pas plus pour l'établissement d'Uriage que pour moi, pas plus que l'établissement d'Allevard ne doit la craindre. Je la veux tout entière et sans restriction, et c'est pour cela que je demande que la question soit jugée. Entre les assertions contradictoires de M. Dupasquier et les miennes, il n'y a point de terme au débat, et il est très-important, dans l'intérêt de la science, dans l'intérêt des médecins et des malades, que le débat finisse. M. Dupasquier avait d'abord proposé des moyens d'y mettre fin, et je les avais acceptés, dans l'espoir qu'il donnerait suite à ses propositions : par une cause, ou par une autre, il n'en a rien été.

Maintenant, c'est moi qui propose, qui demande un jugement. Les juges, qu'il avait lui-même désignés et que j'avais acceptés, je les lui propose à mon tour. Si quelque obstacle s'opposait à la coopération de l'un d'eux, et que M. Dupasquier voulût choisir quelque autre personne, à Grenoble ou à Lyon, je serais également très-disposé à y consentir, car il ne dépendra pas de moi que la difficulté ne soit résolue. Que les juges désignés soient priés de faire l'analyse (au moins pour les principes sulfureux) des eaux d'Uriage et d'Allevard, au commencement, au milieu et à la fin de la saison, dans des circonstances semblables, afin que les faits soient bien constatés, et que la vérité en sorte pour tout le monde.

www.ingramcontent.com/pod-product-compliance
Ingram Content Group UK Ltd.
Pitfield, Milton Keynes, MK11 3LW, UK
UKHW020358220726
13923UKWH00004B/1658

9 782019 262006